孩子，你要学会强大自己

能自律

不用督促我可以

苏星宁 著 方寸星河 绘

北京理工大学出版社
BEIJING INSTITUTE OF TECHNOLOGY PRESS

图书在版编目（CIP）数据

能自律，不用督促我可以 / 苏星宁著；方寸星河绘．北京：北京理工大学出版社，2025.3.

（孩子，你要学会强大自己）.

ISBN 978-7-5763-4002-0

Ⅰ．C933.41-49

中国国家版本馆 CIP 数据核字第 2024LS1599 号

责任编辑：徐艳君　　文案编辑：邓　洁

责任校对：刘亚男　　责任印制：施胜娟

出版发行 / 北京理工大学出版社有限责任公司

社　　址 / 北京市丰台区四合庄路 6 号

邮　　编 / 100070

电　　话 /（010）68944451（大众售后服务热线）

（010）68912824（大众售后服务热线）

网　　址 / http://www.bitpress.com.cn

版 印 次 / 2025 年 3 月第 1 版第 1 次印刷

印　　刷 / 三河市华骏印务包装有限公司

开　　本 / 880 mm x 1230 mm　1 / 32

印　　张 / 5.25

字　　数 / 110 千字

定　　价 / 168.00 元（全 6 册）

第一章

测试篇：你是个足够自律的孩子吗？

第二章

认知篇：自律绝不是“虐待”和“折磨”自己

方法篇：帮你快速建立自律力的六个方法

第四章

行动篇：几件小事助你养成自律习惯

第五章

应用篇：改掉这些坏习惯，让自己变得更自律、更优秀

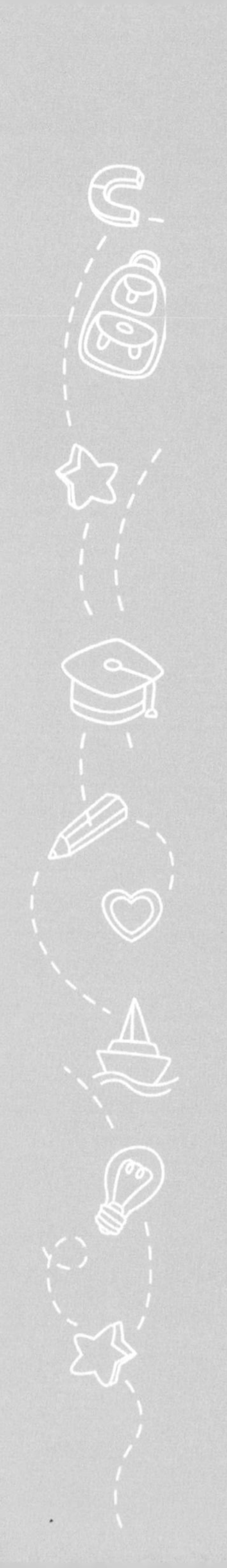

第一章

测试篇：

你是个足够自律的孩子吗？

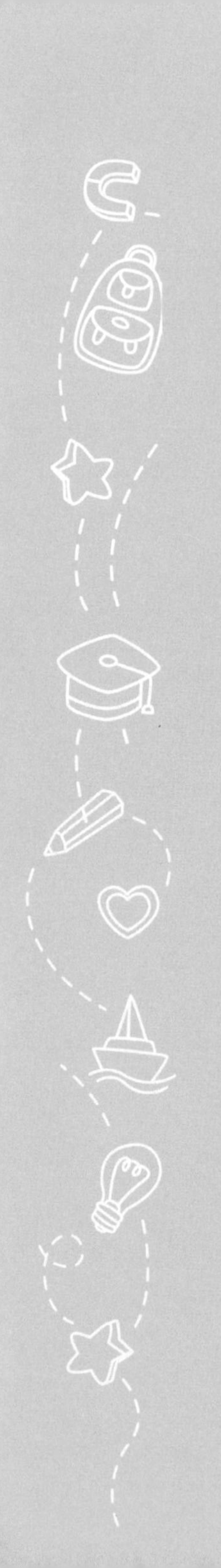

1 你能很好地执行制订好的计划吗？

成长的烦恼

为了锻炼身体，我计划五一假期天天起来晨跑。放假前一天晚上，我早早地上床睡觉，奈何第二天清晨“懒虫”附体，怎么也离不开枕头。接连几天我都这样放纵自己，最终无奈地放弃了计划。我忍不住懊悔地反问自己，为什么规划好的计划总是做不到呢？

说说我的故事

五一假期
宝贝，五一假期有没有给自己订个小计划啊？
妈妈，我计划假期这几天早上都跟着爸爸去跑步。
养成锻炼身体的好习惯！
不错呀，小米。
那明天早上七点你可要准时起来啊！
没问题。
明天早起，那就定个六点半的闹钟吧。

为什么我不能很好地执行自己的计划呢？

心理学家和你
聊聊天

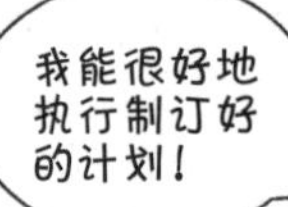
我能很好地执行制订好的计划！

VS
我不能很好地执行自己的计划……

面对自己制订的计划，很多人因为无法克服惰性，总是半途而废。由此可见，要想很好地执行计划，就需要做到自律。

有些人制订计划的时候非常坚定，执行时却拖拖拉拉、偷工减料，是什么阻碍了他们的行动呢？一方面是由于缺乏执行力与主动性，另一方面受到了外界环境或诱惑的影响，但归根结底还是不够自律。如果总是不能执行已经制订好的计划，长期处于“语言的巨人，行动的矮子”的状态，会极大地影响一个人对自己的认知以及做事情的能力。

仅仅给自己制订一个计划，并不是自律，因为纸面上的井井有条并不代表事情会按照自己所计划的那样顺利完成，真正的自律是将已经制订好的计划执行到底。

执行计划期间可能会遇到各种各样的困难，但想一下完成计划时的喜悦以及收获，是不是就干劲满满了呢？做一个自律的人，从执行已经计划好的事情开始吧！

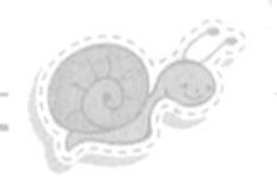

心理学家给你的建议

怎样才能将计划进行到底呢？

1 适合自己的计划才是自律的良方

安排计划要从实际情况出发，基于自己的能力做出正确的判断，制订出最适合自己的计划。如面对寒假作业，不要想着一股脑儿全部做完，而是把作业细化到每一天，这样既不影响自己享受假期，也可以轻松地完成任务。

2 找个人监督自己

安排计划容易，执行计划困难。如果你经常对自己心慈手软，没有足够的意志力执行计划，不妨找个人监督你，让他律帮助自己把计划落实到底。相信你也不想给别人留下“言出不必行”的印象吧！

3 知行合一，行动才是果实的种子

自律的人会保持很高的执行力，思想和行动统一，而非思想先行却步履乏力。当你计划做某件事时，除了保持坚定的信念外，同时行动一定要跟上，才能将计划化作实践。

自律是对自己最大的负责，作为一种生活、学习的理念与方式，所有的蜕变都是从坚持自律开始的。只有自律，才能让那个你收获更好的人生；只有自律，才能让你保持更好的心态；只有自律，才能让你实现心中所想。

你今天做了什么使自己更加自律呢？

2 你能管理好自己的时间，做事不拖延吗？

成长的烦恼

这周末，语文老师布置了一篇作文，我打算在周六下午写完。但吃完午饭，我又觉得先玩一会儿游戏，等会儿再写也来得及。就这样，我把写作文的时间一推再推，直到妈妈叫我吃晚饭都没有开始动笔。我有些沮丧，对我来说，管理好自己的时间是件难事，怎样才能不拖拉、干脆利落地完成任务呢？

说说我的故事

儿子，吃完饭把作业写完，明天我们去郊游。

好呀，我吃完饭就去。

这次的作业只有一篇作文，先玩会儿电脑也来得及。
去写会儿作业！

作文写些什么内容呢？
还没到九点，先看会儿漫画，作文等会儿再写。

你是不是也不能管理好自己的时间，事情总是拖到最后才开始做？

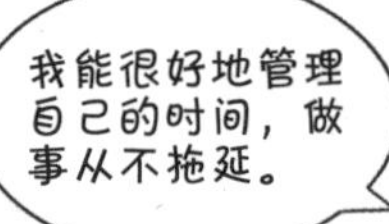

我能很好地管理自己的时间，做事从不拖延。

做事拖延的我，真的管理不好自己的时间吗？

其实，拖延是大多数人都会有的一种状态，并不是不能解决的问题。

拖延的原因有很多方面：首先，与自身有关，如个人的性格特点；其次，与压力有关，当压力积累到一定程度而无法承受时，人就容易选择逃避，或者以一种消极、不作为的方式去解决，形成恶性循环；最后，与形形色色的诱惑有关，如手机、游戏等。

如果总是想着把事情放到明天而不把握好今天，明日来到之时，可能又会懊悔昨日的自己没有努力，产生焦虑的情绪，久而久之会出现多种心理问题，还会降低学习效率与生活质量、破坏人际关系等。希望大家可以结合自身情况，分析拖延的原因，提升对时间的敏感度，找到做事情的正面意义，激发自己的内在动力。

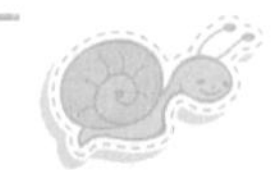

心理学家给你的建议

怎样才能不拖延，管理好自己的时间呢？

拒绝诱惑，别被不相关的事牵着鼻子走

大部分人的“拖延症”是因为没有把注意力放在手头的事上。例如，要去写作业时，却被手机游戏绊住了脚步；着急上课时，却被楼下的小猫吸引了目光。要懂得克制自己，专注当下，拒绝诱惑。

适当的紧迫感是促进事情完成的一大要素

宽裕的时间会让人产生“玩一会儿也无妨”的错觉，它源于没有充分的紧迫感。可以在做任务的同时，多关注其他人的进度，当你发现别人的进度远超于你，紧迫感就会陡然增加。

琪琪作业都快写完了，我也要抓紧，可不能落后了。

学会管理时间，合理分配任务

如果做一件事的时间对你来说非常宽裕，千万不要抱着先享乐的想法，而是学会管理时间，把一个大任务分成小块。例如，写寒假作业时，保持一天 5 页的节奏，千万不要等 5 页堆积成 50 页才开始行动。

自律是对自己最大的负责，作为一种生活、学习的理念与方式，所有的蜕变都是从坚持自律开始的。只有自律，才能让那个你收获更好的人生；只有自律，才能让你保持更好的心态；只有自律，才能让你实现心中所想。

你今天做了什么使自己更加自律呢？

3 你能抵制各种诱惑，专注于目标吗？

成长的烦恼

放学后，我刚推开家门，就被妈妈叮嘱看着锅里的粥不要熬煳了。等了半天看粥还没有煮好，我就去房间拿出手机打起了游戏，直到空气中弥漫着一股煳味，我才冲出来赶紧去关火，可锅底已经烧得黑黢黢了。伴着妈妈的数落声，我认识到了自己的错误，为什么我总是抵制不了诱惑、不能专注地完成任务呢？

说说我的故事

妈妈，
我回来了。

哇，好
香啊！
皓皓，你帮
妈妈看一下
锅里的粥。
我出去
买点菜。

妈妈，路上
注意安全！
知道啦。

粥应该快
煮好了吧。

都过去五分钟
了，怎么还没
熟啊？
一时半会儿也不
会熟吧，先去玩
会儿游戏，嘿嘿。

这次我一定会专注于目标的！

我能抵制各种诱惑，专注于自己的目标！

我真的经不住诱惑、一点也不专注吗？

写作业时，你是不是总想着手机、电子游戏或者跑出去玩？这种情况非常普遍，这些让人分心的事物都可以被称为“诱惑”。它是我们专注目标时的敌人，有多少人都在专心致志的途中被它拦住。

诱惑为我们完成目标增加了困难，但也正因如此，我们才得以锻炼意志力。只要能够专注并坚持地做一件事情，在取得一定的收获与成就的同时，也会感受到努力所带来的价值，这是一种正向的、积极的情绪体验，会促使人继续专注地做事情，也会使人更加自信、自律。

同样地，因为一些诱惑而没有专注、坚持，半途而废，则会使人产生挫败感，沮丧、焦虑、悔恨、自责也随之而来，这些消极情绪会进一步干扰我们的生活和学习，从而形成恶性循环。

泰戈尔说：“顶不住眼前的诱惑，就会失去未来的幸福。”我们只有提高自律能力，抵制诱惑，才能专心于眼前，逐步实现心中的理想。

心理学家给你的建议

怎样才能抵制各种诱惑，专注于目标呢？

“交叉适应”同样适用于专注力锻炼

植物通过不同抗性（抗旱、抗寒、抗病等）的训练，可以提高其他抗性的适应能力。这种对不同逆境间的相互适应作用称为交叉适应。同样地，通过做家务提高的专注度，也可以用于完成作业。

通过做饭，我可以提高自己的专注度。

监督是提高专注力的辅助手段

当你还没有良好的自控能力去抵御外界诱惑时，可以借助外力辅助，如让爸爸妈妈来监督你的作业完成情况和效率，让他人的监督来提高你的专注力。

爸爸，你以后可以监督我学习吗？

试着找到自己沉浸于专注状态的方法

爱因斯坦能够在嘈杂的酒吧里安静的思考，天才拥有比我们更强的专注力。真正专注的状态是自动屏蔽外界干扰，沉浸在自己的领域中。很多人在心情放松的状态下更容易“入定”，可以试着找找快速进入状态的方法，让自己更快提升专注力。

自律是对自己最大的负责，作为一种生活、学习的理念与方式，所有的蜕变都是从坚持自律开始的。只有自律，才能让那个你收获更好的人生；只有自律，才能让你保持更好的心态；只有自律，才能让你实现心中所想。

你今天做了什么使自己更加自律呢？

你能养成勤奋、克制的好习惯吗？

成长的烦恼

暑假将至，我要借着这个假期好好练练字，争取开学惊艳全场。原本打算每天练字一小时，再写两张字帖，但还没写半小时就觉得又累又无聊。今天不想练了，明天又提前结束，练字的频率越来越低，最后不了了之。为什么我不能勤加练习，养成勤奋、克制的好习惯呢？

说说我的故事

暑假期间
这个假期我要好好练字，争取开学后惊艳全场！
哇，骏骏的字写得好漂亮啊！
先去找两本字帖，然后好好练字。
每天练习两张字帖的话，到开学肯定能练好的。
字帖
已经写了一整页，剩下的明天再写吧。
今天天气真好啊，先出去玩会儿，回来再接着练吧。
字帖

今天玩得真是太开心了！

啊！字帖忘记写了。明天再写吧，先睡觉去咯。

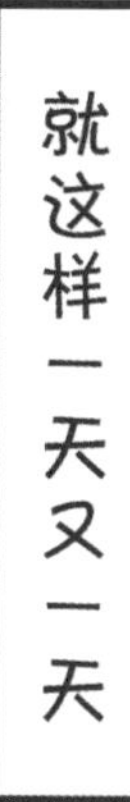
就这样一天又一天

离开学还有两天

字帖怎么在这里啊？
哎呀！说好假期练字的，怎么全忘了！

唉，一个暑假也就练了一张……

总改不了“三天打鱼，两天晒网”的毛病。
难道我是一个不能克服懒惰、不够勤奋的人吗？

我能养成勤奋、自律的好习惯。

写字帖真的又枯燥又无聊，我不想练字了。

很多人都羡慕勤奋、自律的人，他们能够专注于当下，拥有很强的自控力，从而获得更多正向的反馈。

勤能补拙是良训，一分辛苦一分才。勤奋，无论古今中外，都是成功人士的标配品质，它可以提高动力，是实现梦想之路的垫脚石；它可以使人脱颖而出，是攀登高峰时脚下坚实的阶梯。

亚里士多德曾说："美好的人生建立在自我控制的基础上。"克制的人善于管理自己的情绪、约束自己的言行，主要表现在两个方面：一方面善于在学习中克服不利于自己的拖延、懒惰等；另一方面善于在实际行动中抑制冲动行为。

勤奋与克制交织形成自律，这两种品质可以增强自制力，让人获得更多成就感，不断进取，从而更上一层楼。

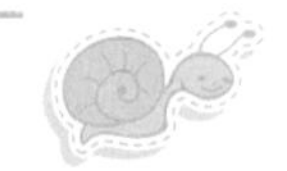

心理学家给你的建议

怎样才能养成勤奋、克制的好习惯呢？

1 强健体魄，提高耐力

耐力大于精力，精力大于专注力。人的精气神，人的专注力需要有一个健康的身体。可以先从提高身体机能开始，如早起去跑步，周末去骑行、爬山等。

身体是革命的本钱。

2 劳逸结合，控制好节奏

培养自己做事的节奏，尽量使用自己注意力集中的时间段，劳累就要休息，做到量力而行，生活节制又不失勤奋。

劳逸结合，效率才更高！

3 抓住每一个练习的机会

好习惯不是一朝一夕养成的，要抓住每一个机会反复练习，用后天的勤奋弥补先天的差距。每日读书能让你学富五车，每日晨跑能让你身强体壮，笨鸟尚知先飞，聪明的你就更要勤奋努力了！

自律是对自己最大的负责，作为一种生活、学习的理念与方式，所有的蜕变都是从坚持自律开始的。只有自律，才能让那个你收获更好的人生；只有自律，才能让你保持更好的心态；只有自律，才能让你实现心中所想。

你今天做了什么使自己更加自律呢？

5 你能勇敢接受舒适区外的挑战吗？

成长的烦恼

放暑假前，老师要求我们利用暑假的时间掌握一项技能。同桌邀请我一起去挑战一下游泳，可我从小就是个“旱鸭子”，连下水都困难。我挣扎了半天，还是选择了之前有过接触的足球。看着好朋友兴致勃勃的样子，我羞愧不已，为什么别人都能勇于挑战自我，而我只能畏畏缩缩地待在舒适区里、不敢迎接挑战呢？

·说说我的故事·

课外兴趣班
（音乐、美术、舞蹈、游泳、跆拳道）
同学们，大家可以用暑假时间学会一项技能。
睿睿，咱们去挑战一下游泳吧！

我想把之前学过的足球再好好练一下。
况且我对游泳一窍不通呀，哈哈。
睿睿，你足球已经踢得很棒啦。
可以选择现在不擅长的，增加一项技能。
我再好好想一下吧，琪琪。

妈妈，老师让我们利用暑假掌握一项技能。
我本来想把学过的足球再练一下，同桌却建议我选择不擅长的新技能。
我不知道报啥好了。
儿子，你同桌的建议不错呦！
其实给自己一个接受挑战的机会也是很好的呀！
足球相当于你的一个舒适区，你若只在擅长的领域展现自己，那同时也是在逃避自己的软肋呀！
那我应该怎么办呢？
妈妈觉得你应该多去迎接一些新的挑战，这样才会让自己全面发展。
原来是这样呀！我明白了。

我能走出舒适区，去迎接新的挑战。

我习惯待在舒适区，不敢去迎接挑战。

心理学中，舒适区又称心理舒适区，在这个区域里，人会觉得舒服、稳定，能够掌控，有安全感；一旦走出这个区域，人们就会感到别扭、不舒服或者不习惯。

可见，舒适区是一个中性概念。待在舒适区可能是因为找到了自己想要的生活，也可能是缺乏远大目标、安于现状、不思进取、懒惰倦怠。我们应当克服后一种心态，当挑战到来时，勇敢走出舒适区。

如果只是安于现状地待在舒适区，确实很惬意，但也永远无法真正地成长。正如雏鹰想成就更好的自己，就必须飞离温暖的巢穴，展翅高飞，搏击长空，这样才能成为雄鹰。睿睿想成就更好的自己，就需要早早意识到并跳出舒适区。

“生于忧患，死于安乐。”在舒适区里安逸自得，意志与斗志会被慢慢消耗。下好先手棋，打好主动仗，才能获得先发优势。

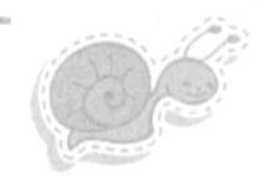

心理学家给你的建议

怎样才能走出舒适区，从容迎接挑战呢？

1 保持稳定的情绪面对挑战

怯懦的姿态是你走出舒适区、提升能力的第一大阻碍，建议你面对陌生事物时尽量保持从容，试着以稳定的心情，放松地迎接挑战。例如，在考试之前做好心理建设，与陌生人交流时面带微笑等。

保持好心情，时刻准备迎接挑战。

从一件想做的事入手

选择从一直想做的事入手，会让“走出舒适区”这件事变得容易很多。无论是学习一门新语言，还是主动结识新朋友，这些尝试都会带来新奇感和成就感。研究表明，新奇事物往往会增加大脑中多巴胺的水平，而多巴胺是大脑“奖励中心”的一部分。

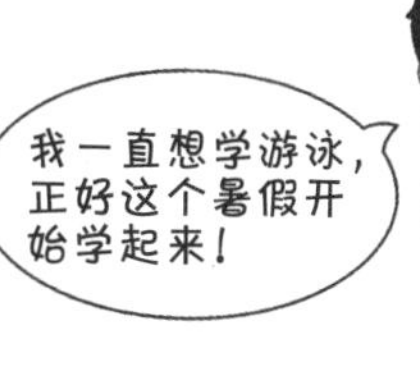

我一直想学游泳，正好这个暑假开始学起来！

3 树立一个更加远大的目标

想要更好地挑战自我、明确自己想要成为什么样的人，远大的目标必不可少。有了目标的指引，你一定会怀揣更加坚强的信念，向着新的阶段发起挑战。

我要成为像表哥一样的游泳冠军！

自律是对自己最大的负责，作为一种生活、学习的理念与方式，所有的蜕变都是从坚持自律开始的。只有自律，才能让那个你收获更好的人生；只有自律，才能让你保持更好的心态；只有自律，才能让你实现心中所想。

你今天做了什么使自己更加自律呢？

第二章

认知篇：

自律绝不是“虐待”和“折磨”自己

6 自律不是限制自由，而是让你更自由

成长的烦恼

暑假时，我给自己的一天制订了满满当当的学习计划。从早晨几点起床，到晚上几点睡觉，中间的各个时间段都有严格的学习安排，以至于抽不出任何时间放松一下，这样紧绷的生活限制了我的自由。我感到非常疑惑，难道两者不可兼得吗？自律就一定要舍弃自由吗？

·说说我的故事·

我要做一个自律的人，把自己的时间都安排好。
计划表
7:00–8:00 早起背诵
9:00–12:00 复习预习
14:00–17:00 写作业
19:00–21:00 阅读
好充实的一天呀！
明天也要按计划进行，加油！
第二天
咚
咚

阿姨，我来找小蕊玩，她在家吗？
怡怡，她在家呢。
怡怡，我今天的计划排满了，我们改天玩吧。
好吧。
妈妈，我暑假计划都安排好了，我要对自己负责。
小蕊，这是好事呀。
我可以看一下你的暑假计划吗？
好呀！
小蕊，你把时间都安排在学习上了吗？
9:00—12:00 复习预习
14:00—17:00 写作业
19:00—21:00 阅读
妈妈，我要怎么修改呢？
一直这样下去，你的身体会吃不消的，要注意劳逸结合哦。
小蕊，我们一起来重新调整一下计划吧！

自律让我更自由！

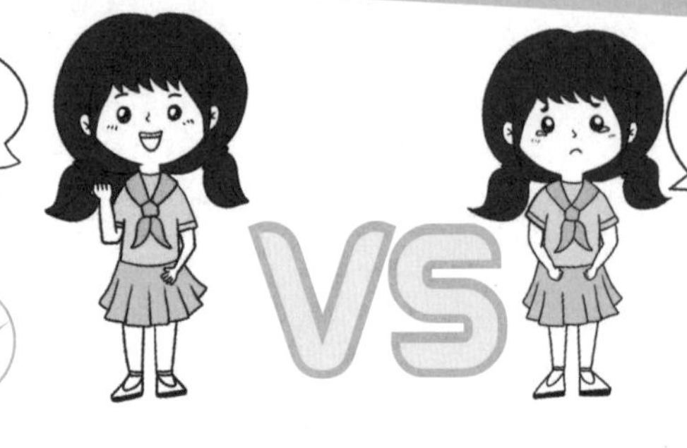

紧张的学习安排让我难以喘息，也失去了自由。

很多人都向往自律的生活，同时也有一丝恐惧，并伴随着不自觉的排斥。为什么呢？因为他们认为自律就是限制自由。但事实并非如此，你有多自律，就有多自由。

上学期间，学习是主要任务，但并不能因此而放弃娱乐活动，因为娱乐也是生活的一部分，它可以消除疲劳与压力，增添生活的乐趣。

列宁说过：“不会休息的人就不会工作。”如果整日学习，会使神经绷得太紧，学习效率不高。所以为了更好地学习，必须有计划地安排好学习与娱乐的时间，既不要只顾埋头苦读，也不要玩得一发不可收拾。应该把娱乐活动穿插在紧张的学习过程中，娱乐时尽情娱乐，学习时专心学习，使学习和娱乐互相补充、互相促进。

自律的自由会使人体验到战胜惰性的快乐，使人拥有掌控自我的强大力量。要记住，自律不是限制自由，而是让我们更加自由！

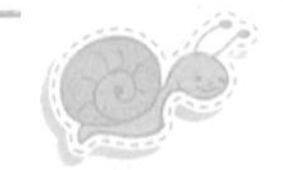

心理学家给你的建议

如何才能让自律带给自己真正的自由？

自律不是“死规定”，学会调节很重要

如果把自律看作必须执行的“死规定”，那么你的生活就会处处受限，一定要给自己留出一些自由的时间去调节。例如，规定每天学习三小时，其他时间可以做些别的，选择既能完成目标，也能发展兴趣的事情去做，实现劳逸结合。

学会给自己留出一些自由的时间去调节。
自律≠死规定

学会自我管理，将习惯化为本能

将自律转化为自由，实际上是一个关于自我管理和内在动力转变的过程。当自律变成一种本能的习惯时，我们不再需要刻意去追求它，因为它已经成为我们生活中的一部分。我们会享受到自律的快乐，它会给我们带来更好的生活方式，更强的耐心和毅力，以及更强大的独立自主能力。

学会自我管理，才能更自律！

问问别人是如何安排计划的

制订计划时，可以找个有经验的人帮帮忙。把你要做的事情整理出来，在别人的指导下完成时间安排，听取别人的意见再结合自己的想法，调整出的计划就更加完善了。

骏骏，你是如何安排暑假计划的呢？

自律是对自己最大的负责，作为一种生活、学习的理念与方式，所有的蜕变都是从坚持自律开始的。只有自律，才能让那个你收获更好的人生；只有自律，才能让你保持更好的心态；只有自律，才能让你实现心中所想。

你今天做了什么使自己更加自律呢？

自律不是一成不变，而是勇于改变

国庆小长假开始了，我想向爸爸看齐，变得更加自律。我把爸爸的时间安排完全照搬了过来，但它的缺点逐渐暴露出来，早晨起太早、不睡午觉等，完全不同的生物钟让我非常难熬，我认识到爸爸的计划并不适合我。既然没有适用于所有人的“万能计划”，那我为什么不改变计划、自己调整呢？

说说我的故事

国庆假期
哈哈哈
呀，九点了，该去看书了。
你看爸爸每天晚上都有阅读的习惯，雷打不动。
!!
妈妈，我也可以像爸爸一样自律的。
爸爸是一整天都非常自律的！
我也可以的，妈妈。
妈妈，明天我就执行跟爸爸一样自律的计划。

爸爸，我跟你一起晨跑。
妈妈，我跟不上爸爸的计划。
我是不是一个不自律的人啊？
傻孩子，怎么会。
那是爸爸的计划，你应该有自己的专属计划呀！
自律要根据自己的实际情况。
原来是这样啊！
你有适合自己的计划吗？

我擅长调整自己的计划。

VS

看到别人做什么，我就想做什么，没有自己的计划。

首先我们应该知道的是，自律不是一成不变、墨守成规，而是能够根据环境、条件的变化进行适当的改变和自我调整，勇于尝试，跳出既定的思考模式，不断了解自己所不熟知的东西。

网络上有很多“如何自律”等类似主题的文章或者视频，有的人因为内心羡慕或者自律的需求，直接照搬照抄，最后发现自己无法坚持下来。殊不知，每个人都具有个性与特殊性，适合他人的方法不一定适合你，而在不适合自己的路上朝着不适合自己的方向前进的话，结果一定会半途而废，这样不仅浪费时间，而且会消磨人的意志，使人怀疑自己。

由此可见，当面对无数的自律模式与成功案例时，要学会筛选，吸收适合自己的，摒弃不适合自己的，再结合自身情况，制定属于自己的自律模式。

要记住，自律不是一成不变，不是照抄他人模板，不是教条主义，而是勇于改变，走出一条适合自己的路。

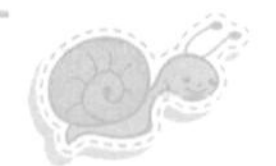

心理学家给你的建议

如何调整自律计划，勇于改变呢？

切勿盲目，适合自己才是最好的

看到别人的计划实施得好就照搬，这种做法一定要避免。别人的计划是根据他（她）们的实际情况制订的，不一定适合你，正如普通人和职业运动员不能采用同一套训练方式。

我知道适合自己的才是最好的！

循序渐进，制订阶段性计划

自律力的培养不是一朝一夕的事情。真正有效的方式是：先从一些力所能及的事情或者分解后的小目标开始，循序渐进，伴随阶段性计划的完成，成就感和自信相应建立起来，自律也就慢慢养成了。

妈妈说，自律不是一朝一夕的事情，要学会循序渐进。

学会变通，根据不同的状态调整计划

真正的自律力，是对“自律”的把控力，而不是被“自律”牵着鼻子走。要根据不同的情况，适时调整自己，如在老师改变讲课方式时，要灵活地调整状态；给自己的计划留出一定的空白。

学会变通，不要被“自律”牵着鼻子走！

自律是对自己最大的负责，作为一种生活、学习的理念与方式，所有的蜕变都是从坚持自律开始的。只有自律，才能让那个你收获更好的人生；只有自律，才能让你保持更好的心态；只有自律，才能让你实现心中所想。

你今天做了什么使自己更加自律呢？

8 自律不是只有任务目标，没有娱乐

成长的烦恼

为了让自己的假期生活更加自律，我安排好了每天的任务。上午上兴趣课，下午由爸爸辅导功课，晚上还要完成学校的假期作业，每个时间段做的事都按部就班，让我觉得自己像一台机器，每时每刻都在完成任务，有时候觉得特别无趣。我不禁疑惑，这就是自律的生活吗？为什么我眼里只有任务目标，连玩一会儿的时间都没有呢？

说说我的故事

放暑假了
这个假期，我要努力做一个自律的人。
我要定好目标，把时间安排得满满的。
现在的任务是看书，去书房喽。
该去上兴趣班了。
下一个任务：妈妈给我辅导功课。
晚上的任务：写暑假作业。
唉，以前可以睡到自然醒呢。

难道这就是自律吗？感觉好累啊！
妈妈，我每天完成自己的目标，就是自律吗？
孩子，自律不仅仅是完成目标，也要和娱乐相结合呀。
学会劳逸结合，效果会更好。
我明白了！
我去重新调整一下自己的计划。
劳逸结合才能效率更高，你的计划合理吗？

我可以调节好自己，维持好自律和娱乐的平衡。
VS
为什么我只有任务，连玩儿的时间都没有？

确实，在学习生活中，压力是一个普遍且难以避免的存在。无论是面对繁重的课业负担、即将到来的考试，还是与同学之间的竞争，这些都可能让我们感到压力重重。

心理学认为娱乐可以帮助人在高压之下排忧解难、减轻负担、活跃思维、提高效率。任何人在不同时期都会有一定的压力，如果长期处在压力之下，后果将是非常可怕的，不但身体会出现问题，心理也会出现问题。而娱乐会帮助人放松身心、缓解压力，给被挤压的内心做一个按摩。

娱乐和自律并不是二元对立的，它们是相互促进、相互作用的，自律需要娱乐增加活力，娱乐需要自律进行调节，二者相辅相成才能使我们更好地发展。试问一下，你是要做一台机器，机械性地去完成任务，还是要有条理、有计划、有方向且心情愉悦地去完成自己想要做的事情？

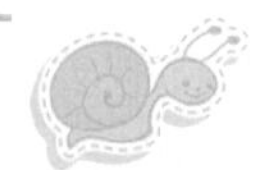

心理学家给你的建议

如何调节自己，达到自律和娱乐的平衡呢？

1 合理规划时间

首先，制订科学、合理的学习计划，合理分配时间。其次，设定明确的学习目标。例如，规定每天完成学习任务之后再进行娱乐活动。最后，学会自我管理和控制，不被娱乐迷惑，学会拒绝不适当的娱乐方式，保持良好的学习状态。

记住：自律并不意味着把所有时间安排得满满的！

2 选择适度的娱乐方式

娱乐对于青少年来说具有重要的社交和放松作用，但需要选择适度的娱乐方式，如参加文艺团体、读书、户外骑行等。同时，青少年应该对自己参与娱乐活动的时间进行控制，避免长时间的娱乐而导致学习效果下降。

你知道吗？适当的娱乐能让你的身心更加放松哦！

3 多与自律的人做朋友

自律的人往往很有吸引力，阳光、自律的性格让他们有很多志同道合的朋友。多和自律的朋友们一同放松，遇到困难多向其讨教，总结适合自己的自律与娱乐的平衡之道。

小蕊，我想和你做朋友，想和你一样自律。

自律是对自己最大的负责，作为一种生活、学习的理念与方式，所有的蜕变都是从坚持自律开始的。只有自律，才能让那个你收获更好的人生；只有自律，才能让你保持更好的心态；只有自律，才能让你实现心中所想。

你今天做了什么使自己更加自律呢？

9 自律不是“虐待”自己，而是对自己负责

为了选上班里的音乐课代表，我努力地练习唱歌，规定自己每天练习五个小时。这并不是一件容易的事情，但为了目标，我咬牙坚持着。没过几天，我的嗓子就哑到说不出话来了，结果可想而知。我自认为，自己这样做已经非常自律了，可是为什么这样的状态让我如此痛苦呢？

说说我的故事

音乐课
同学们，我们要选出声乐较好的同学来担任课代表，请大家踊跃报名。
我一定要当选课代表！
同桌，你好好练，一定要选上！
嗯。
我要制订个计划，好好练习。
计划表
早起一小时
……
取消午休
……
晚睡一小时
课间……
回家先挑选几首好听的歌。
像春天的花儿一样
把所有的烦恼
所有的忧愁

早上6:00
中午午休
晚上10:00
三天过去了……
宝贝，生病了就要好好休息，等好了再练歌吧。
你笑起来……咳咳……
妈妈，我得说到做到！
我要坚持练歌！
宝贝，不要对自己太苛刻！自律是对自己负责，可不是“虐待”自己哦。
再这样下去，身体会累垮的。
妈妈，我该怎么做？

我可以保持习惯性自律，更好地对自己负责。
VS
我觉得自己已经很自律、很拼了，为什么这样的状态会让我痛苦呢？

自律是形成自己的规律，明确自己的动机（目标），适当地调整自己的计划，坚持自己所热爱的。所以真正自律的人注重的是持续，懂得享受做事情的过程，并在遇到阻碍的时候寻找解决办法，而不是把自己扔进痛苦中，让自律沦为自虐。

学习生活中，总有一些人认为束缚自我、“虐待”自我才是自律，如平时没有刻苦学习，快考试了才连续“开夜车”。殊不知，这正是对自己不负责任的表现。以“虐待”自己的方式践行自律原则，短期内可能会达到自己的目标，但长此以往，身体可能会吃不消，内心也会感到疲倦，失去继续前行的动力。而且一时打鸡血的自虐式自律容易让人耗尽耐性，会使人懈怠，继而放弃。

自律是持续性的，而不是间歇式的自虐，我们需要区分二者的概念与行为模式。让我们以一种对自己负责并有利于身心健康的方式保持自律吧！

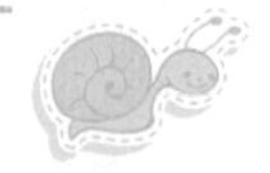

心理学家给你的建议

怎样保持习惯性自律，更好地对自己负责呢？

拆掉思维的墙

健康的自律是根据自己的情况，给自己定一个有可行性的目标，实现后可以激励自己继续前进；同时也要认清自己的长板与短板，自律不是自虐，需要扬长避短，量力而行。

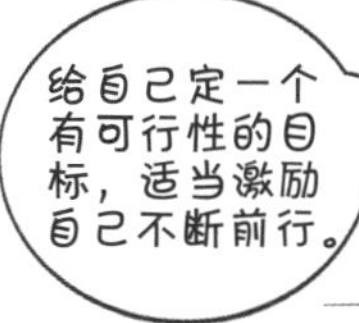

张弛有度，重在坚持

文武之道，一张一弛。自律同样如此，绷得太紧时，不妨让自己先停下来。自律是期望自己成为更好的人，而非为了某个阶段性目标逼自己自虐。

宝贝，要学会自我调节，张弛有度。

寻找支持群体和伙伴

在实现自己的目标和保持自律的过程中，找到支持群体和伙伴可以帮助自己更好地掌控自己的情绪和行为，从而为自己提供鼓舞和支持。

和好朋友萱萱互相鼓励，一起进步。

自律是对自己最大的负责，作为一种生活、学习的理念与方式，所有的蜕变都是从坚持自律开始的。只有自律，才能让那个你收获更好的人生；只有自律，才能让你保持更好的心态；只有自律，才能让你实现心中所想。

你今天做了什么使自己更加自律呢？

每日收获

写下我的小故事

10 自律不是靠别人督促，而是一种习惯

成长的烦恼

语文老师因为突发状况无法上课，由临时代课老师看着我们上自习。这可把我愁坏了，翻翻这个、看看那个，不知道该做些什么，不一会儿就走神了，等我反应过来，已经快到下课时间了。没有了老师的带领，我竟什么也学不进去。如果没有别人的督促，我该怎么养成自觉自律的好习惯呢？

说说我的故事

语文课
老师去开会了，这节课大家自己预习和复习。
现在要干吗呢？
我该做些什么呢？
铃~
铃~
一节课就这样过去了……
……
这节课都学了些什么？
放学后
爸爸妈妈，我回来了。
爸妈不在家，先看会儿电视吧。

萱萱，你作业写完了吗？
啊！还没……
没有妈妈的督促，你是不是就不自律了？
可能是……
今天课上老师去开会了，我就不知道该干什么了。
妈妈，我该怎么把自律培养成一种习惯呢？
你可以尝试一下21天法则！
就是通过每天坚持练习，慢慢转变成习惯。
等一个习惯养成后再定下一个目标，日积月累，你就是一个非常自律的人啦！
我明白了，妈妈！

我可以不用他人督促，自觉养成良好的习惯。

难道没有别人督促，我就很难养成自觉自律的好习惯吗？

VS

不可否认，他律对于我们完成目标、提升自我能够起到积极的作用。但是如果仅靠他律，而没有发自内心的自律，我们很难持久地发展。

从心理学来讲，习惯是个人与环境、行为相互影响的结果。从这一观点出发，培养良好的习惯不可以等待“习以为常”，而应该能动地、有意识地加以训练。所以说真正的自律不是靠别人督促，而是一种习惯。

虽然在人的内心深处，不管年龄大小、成熟与否，都有依靠他人的需求和渴望，但总是依靠他人的督促，会使人没有主见、缺乏自信，极端情况下，甚至可能发展成依赖型人格障碍。

叶圣陶先生说过：“凡是好的态度和好的方法，都要使它成为习惯。”自律不是单一的、被动的行为，而是一种习惯，在学习和生活中养成自律的好习惯，会使人受益终身。

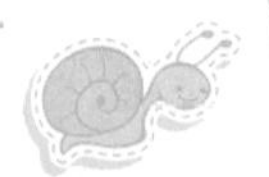

心理学家给你的建议

怎样不靠他人督促，就能养成良好的习惯？

建立规则和一致性

建立明确的规则，全家一致遵守，父母也要做到言行一致，避免不良诱惑，帮助孩子养成好习惯。

借助时间管理工具，帮自己养成习惯

有了奖惩制度的激励，到了任务时间，又迟迟懒得动作，怎么办？这是大家培养习惯时的通病，可以先借助闹钟等时间管理的工具来帮助自己按照规划进行，循序渐进地养成习惯。

我要给自己定个时间，让闹钟帮助我更好地完成计划！

三心二意不可取，坚持不懈才是胜利

形成了时间的概念只是建立习惯的初步条件，做事的时候要避免三心二意，不坚定是养成习惯最大的敌人。尽力将自己的注意力放在手上的事上，避开嘈杂的环境，保持家庭和学习的环境整洁有序，坚持一段时间，就可以看到成果了。

自律是对自己最大的负责，作为一种生活、学习的理念与方式，所有的蜕变都是从坚持自律开始的。只有自律，才能让那个你收获更好的人生；只有自律，才能让你保持更好的心态；只有自律，才能让你实现心中所想。

你今天做了什么使自己更加自律呢？

第三章

方法篇：

帮你快速建立自律力的六个方法

11 学会自我激励，要有战胜自己的决心和毅力

成长的烦恼

国庆放假，爸爸带着我去体验了一把攀岩。看着面前陡峭的崖壁，我心虚地瞄了一眼爸爸，在他鼓励的目光下，只能硬着头皮开始爬。爬到一半，我低头望向崖壁下，顿时吓软了腿。看着旁边的小朋友在攀爬时不断激励自己，我却什么话都说不出口，最终只能半途而废。看着别人持之以恒、最终战胜自己的骄傲模样，我感到非常羞愧。

说说我的故事

国庆假期
儿子，今天咱们去游乐园玩吧！
好耶！
儿子，之前你爬过一个矮的，这次试试高一些的吧！
我想试，又有点儿怕。
有安全保护措施的！
吃力~
费劲~
好高啊！……

加油，我一定可以的！
加油呀，儿子！
啊！
不行，我还是算了吧。
爸爸，我心里一直打鼓啊！
儿子，有时候要学会多鼓励自己，多给自己打气。
这样才会有战胜自己的决心和毅力。
好棒！
好棒！
顶
我好像明白了，爸爸。

我会自我鼓励，不断战胜自己！
VS
为什么我总是半途而废，难道我真的没有战胜自己的决心和毅力吗？

自我激励最直白的心理学解释就是“你说行，你就行；你说不行，你就不行”。这同样也是美国著名心理学家罗森塔尔和雅格布森验证过的心理效应，能够说明自我激励的积极效果。

自我激励可以给人积极的心理暗示，培养自律能力的同时，也可以增强向上攀登的动力与敢于挑战的信心。很多人在做一件比较困难、但是又不得不做的事情时，会对自己说“这次一定要成功”“我一定能行”“我是最棒的”等提升信心与行动力的话，结果他们真的成功了。相反，那些经常暗示自己“我不行”“我做不到”“我一定会失败”的人，往往最终都失败了。

自律最大的敌人，是缺乏想要战胜自己的决心、勇气和毅力。勇于挑战，不断超越自己，发挥自身的潜能，并且对自己传递积极的期望，只有这样才能进步得更快、发展得更好。

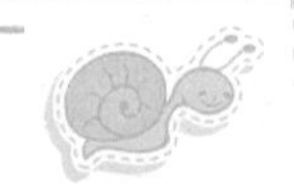

心理学家给你的建议

怎样学会自我鼓励，不断战胜自己呢？

1 大胆地鼓励自己

很多人习惯将事情憋在心里，不愿意说出来。其实，你可以试试大声地鼓励自己。很多运动员在比赛时都会大声喊叫，给自己打气加油，这一声声的喊叫不仅提高了自己的斗志，更是让对手闻之丧胆。遇到难题的时候在心里喊出“我能行”，让大脑受到心理和感官的双重刺激，鼓励自己突破极限。

我是可以的，加油！

2 从他人的话语中寻找自我肯定

没有勇气和决心时，可以先从他人的话语中寻找自己的闪光点，如别人称赞你做事踏实肯干、写字漂亮，又或是善于社交等。以此为基础，慢慢地树立起积极向上的信心，激励自己继续努力前进，挑战更高的目标。

我觉得皓皓很实在，人也踏实肯干！

3 做难事，必有所得

日常生活中，多鼓励自己做些相对困难的事情，把自己不想做的事做好了，就是一种进步；把自己不敢做的事做成了，就是一种突破；把自己不会做的事做会了，就是一种成长。

攀岩是有些困难，但是我一定可以成功到顶峰的！

自律是对自己最大的负责，作为一种生活、学习的理念与方式，所有的蜕变都是从坚持自律开始的。只有自律，才能让那个你收获更好的人生；只有自律，才能让你保持更好的心态；只有自律，才能让你实现心中所想。

你今天做了什么使自己更加自律呢？

12 学会制订计划，给自己具体的行动方向

成长的烦恼

为了打败同桌，我打算趁着假期好好提高一下乒乓球水平。我没单独请教练，只能自己在乒乓球桌旁练习挥拍，刚练了一会儿就觉得特别无趣，便转身去打篮球了，结果乒乓球都没怎么练。我懊恼地拍着脑袋："说好要提升乒乓球水平呢？我怎么就没坚持下去。"

说说我的故事

体育课
骏骏，你乒乓球又输给我了，球技有待提高哦。
下次肯定赢你。
等我周末回去好好练习，肯定能赢的。
回家后
要不要找个教练学习一下呢？
请教练还得花钱，还是算了吧。
要不给自己制订一个计划？
不过同桌的球技也就比我好一点点。
跟小区里的哥哥、大爷们多打几天，练习一下就行了，还制订啥计划呀。
第一天
哥哥，我跟你打一会儿。
看球！

一个小时以后
小明在打篮球，我去跟他玩一会儿。
第二天
不久之后
这个蛮有意思。
又看了一个多小时……
第三天
今天天这么热，就休息一天吧……
又一周的体育课上
骏骏，你又输给我了。
你咋练习的？怎么一点儿进步都没有？
……
我哪有练习呀，都是三天打鱼两天晒网……
计划表
8:00—11:00 ××××
13:00—15:00 ××××
19:00—20:00 ××××
唉，当时真应该给自己制订个计划的。

我已制订好计划，可以很好地为此付诸行动。

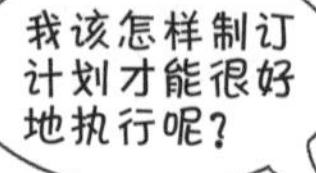

我该怎样制订计划才能很好地执行呢？

经济学家戴尔·麦康基曾说：“计划的制订比计划本身更为重要。”在日常生活中，一些人给自己安排学习任务或者其他目标时没有头绪，总会依赖老师或家长的安排。这也反映出，很多人可以很好地执行计划，却不能明确地制订计划。而制订计划是有效行动的前提，可以帮助我们提高自律力。

凡事预则立，不预则废。毫无计划的学习是散漫疏懒、松松垮垮的，很容易被外界的事物所影响。制订好的计划就像看得见的靶子，让人的行动更具有方向感，也更加具体。同时，制定明确的学习目标，可以让学习更有热情，有益于提升学习效果。

所以，从现在开始，试着独立地去制订计划与目标，以此培养自律性和独立性。自己制订的计划更有针对性，更加适合自己的情况。而且人一旦有了计划和目标，学习和生活节奏就会有方向感，久而久之，就会形成自觉的行动力，养成好的学习习惯。

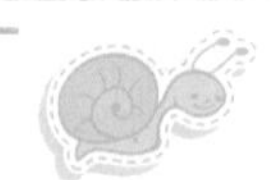

心理学家给你的建议

怎样制订计划才能更好地付诸行动呢？

知道自己想要什么，是计划的第一步

你想要在多长时间内，将乒乓球练到什么水平？是明确规则、熟练接发球，还是能够无障碍地与他人对打？明确自己的目标，才有助于落实计划细节。

细化实现目标的路径

切不可像醉汉一样，围着出发点绕圈圈。目标是有了，但只是看心情、看状态、看时间来安排行动，这样虽然看似执行了一部分计划，但是不能真正达成目标。根据自己的实际情况细化目标路径，你会发现再高再远的任务也能在你的小量化之下得到解决。

不要像醉汉一
样，围着出发
点绕圈圈！
K

3 好的计划是在实施过程中不断完善的

好的计划不是拍脑袋想出来的，只有在实施过程中，才能发现哪个环节不合理、哪个环节需要调整。在这样螺旋上升的过程中，才能获得真正适合自己的优质规划。

好的计划可不是
空想出来的，而
是在实践过程中
慢慢调整出来的。
K

自律是对自己最大的负责，作为一种生活、学习的理念与方式，所有的蜕变都是从坚持自律开始的。只有自律，才能让那个你收获更好的人生；只有自律，才能让你保持更好的心态；只有自律，才能让你实现心中所想。

你今天做了什么使自己更加自律呢？

13 学会管理时间，拒绝拖延才能更高效

成长的烦恼

一次美术课上，老师叫我们回去采集树叶，下节课用来做手工。我想着还有一周才上交，一点儿都不着急，就先玩了几天。拖到最后一天，不料却下起了雨，没办法出门采集，我心急如焚，最后也没有按时完成老师布置的任务。拖延真的太害人了！难道我就不能做个利落干脆的人吗？

•说说我的故事•

美术课
同学们，大家课后去公园收集一些银杏树叶，为下节课的手工制作做准备。
好的！
小米，等会儿我们一块儿去公园收集银杏树叶吧！
不着急，下周才有课。
同桌，我约了朋友踢球，我们改天去收集树叶吧！
好吧。
几天过后……
小米，后天就上美术课了，今天放学我们一起收集树叶吧！

同桌，你着啥急啊，还有一天时间呢！
小米，我们不能这么拖延，最后容易抓瞎的。
没那么严重！
第二天
同桌，你先去收集树叶吧，我跟朋友去看电影了！
好吧。
哈哈
哈哈
满载而归
美术课
大家都准备好树叶了吗？
准备好了！
早知道就不拖拖拉拉的了……

时间是如此公平，每个人一天都是24小时，不同之处在于如何使用。恩格斯曾说："利用时间是一个极其高级的规律。"的确如此，自律的人更加擅长安排与管理时间，他们拒绝拖延，拒绝无计划，会以高效高质、劳逸结合的方式完成目标。

不懂得安排时间，做事情拖延、懒散，不到最后期限不完成任务，这种情况一方面会使事情越堆越多、越拖越不想做；另一方面还会使人产生强烈的自责感、内疚感，不断地自我否定和贬低，严重的还会伴有焦虑、抑郁等心理疾病。

丹·艾瑞利在《怪诞行为学》一书中指出："每个人都有拖延的基因，最好的面对方式就是直面自己喜欢拖沓的弱点，然后通过各种手段来让自己没有拖沓的余地，从而逼迫自己做正确的事情。"由此可见，只有主动拒绝拖延，管理好时间，让自己走出舒适圈，才能更加高效、更加自律。

心理学家给你的建议

如何管理时间，提高效率呢？

盛年不重来，一日难再晨

该用来做这件事的时间你浪费掉了，就要用两倍的精力去完成它。提高对时间的重视程度，做事情前先规划好时间，正如睡到日上三竿不如早起规划一番，你就会发现原来你可以做“一箩筐”的事情！

把当天要做的事进行排序

今日事今日毕。可以试试在每天早晨起床想一想今天需要完成哪些事情，再决定用哪一段时间去实施；晚上入睡前，回顾一下今天完成的和未完成的事，便于第二天的计划。

事事分清主次缓急

事情有急有缓，急的重要的事情一定要先做，不着急的事情可以往后安排，但也不能拖延。老师布置的作业，对于现在的我们来说就应该当作重要的事情优先完成。

事有轻重缓急，着急的事应早些提上日程。

自律是对自己最大的负责，作为一种生活、学习的理念与方式，所有的蜕变都是从坚持自律开始的。只有自律，才能让那个你收获更好的人生；只有自律，才能让你保持更好的心态；只有自律，才能让你实现心中所想。

你今天做了什么使自己更加自律呢？

抵制诱惑、约束自我，提升自制力

成长的烦恼

暑假在姥姥家，妈妈交给我一项光荣而艰巨的任务——去地里帮姥爷收菜。正忙着时，隔壁的小伙伴来叫我去河边玩，看着没有收完的菜和姥爷劳碌的背影，我心里挣扎不已，但小伙伴坚持邀请，我没有抵制住诱惑，还是去玩了。回到家，妈妈批评了我：“怎么能这么没有自制力，放着手上的事情不做，跑去玩耍呢？”

说说我的故事

睿睿，河边有人抓鱼，一起去看呀！
我还没收完菜呢！
我们先去看，回来再收呗。
那个……
姥爷，我和小硕去玩一会儿，回来再帮您收菜。
去吧，别玩太晚，记得早点儿回家！
知道啦，姥爷！
回家后
！！！
对不起，妈妈。是我没忍住诱惑，贪玩了……

我可以抵制住
诱惑，提高自
我约束能力。

自制力，顾名思义，就是能够自觉地控制自己的行动和情绪，集中注意力去完成自己的任务，而不被其他事物所诱惑、不受其他事情干扰的能力。

对于小朋友们来说，最常见的干扰莫过于做作业的时候被电子手表、桌边的小物件等吸引，导致分心。瞥一眼手表的信息、摸几下桌上的文具，看起来就那么几秒钟，但是学习状态已经被打断了。每打断一次，都需要花几分钟甚至十几分钟才能重新进入状态。好不容易进入状态，又想喝点儿水了……看上去只分心了几秒钟，但是实际上浪费的时间不可估量。

诱惑总是试图瓦解自制力，而每抵挡一次诱惑，自制力就增强一些。从这个角度看，一切诱惑既是自制力的敌人，也是自制力的朋友。所以，要合理看待诱惑与自制力的关系，利用身边的诱惑培养或增强自制力。

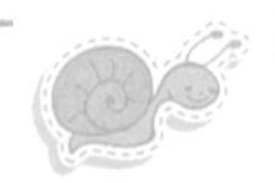

心理学家给你的建议

如何抵制诱惑，提升自我约束力呢？

别让借口欺骗你的大脑

有的同学在学习的时候，总喜欢对自己说：“再刷 5 分钟手机、再打一局游戏就去学习啦！”别让这些借口欺骗了你的大脑，不妨告诉自己：“只要再学 15 分钟就能看手机了。”

不要轻易让借口欺骗你的大脑！
借口

一次只做一件事情

人很难同时坚持很多富有挑战性的事情，这就是意志力的有限性。一次只专注于一个目标或一件事情，直到达成目标或者习惯养成，再转移到下一个目标上，这样既不会过度内耗，又非常高效。

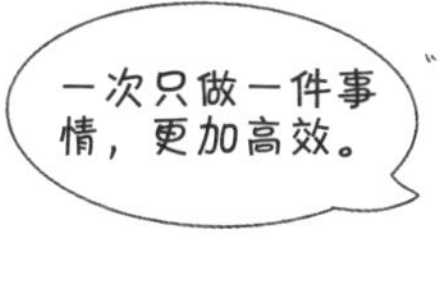

一次只做一件事情，更加高效。

想象屈服于诱惑的后果

为了避免诱惑，可以提前想想在放纵欲望后你会不会有愧疚感或者其他负面的感受，提前为可能面临的诱惑想好应对方案，或是拒绝的理由，或是承担的后果。这可以让我们在面对诱惑时，不用临时调动自制力去对抗。

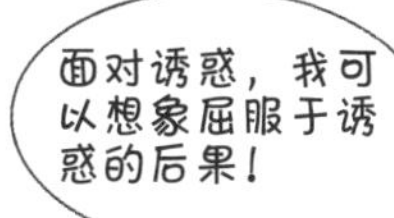

面对诱惑，我可以想象屈服于诱惑的后果！

自律是对自己最大的负责，作为一种生活、学习的理念与方式，所有的蜕变都是从坚持自律开始的。只有自律，才能让那个你收获更好的人生；只有自律，才能让你保持更好的心态；只有自律，才能让你实现心中所想。

你今天做了什么使自己更加自律呢？

15 积极乐观，勇于挑战，不要总是找退缩的借口

成长的烦恼

在一次学校运动会上，我参加了 1500 米长跑比赛。一声枪响，我铆足了劲，占领了前三名的位置，但一圈一圈地跑下来，我逐渐体力不支，看着后面的选手们一个个超过了自己，我心里很不是滋味，最后以腿抽筋为借口，中途放弃了比赛。当同学们投来关心的目光，我感到非常羞愧。其实坚持下来并不难，为什么我总是为自己的退缩找借口呢？

说说我的故事

加油！
运动会
接下来请参加1500米长跑的选手做好准备！
该我出场了！
骏骏，加油！
准备就位
预备
第一名，我来啦！
加油！
反超2
反超1

落后一大截
要不放弃算了……
激情褪去
还有一圈……
算了，不跑了，装一下腿抽筋吧。
哎呦！
"加油！"
加油区只剩一人
骏骏，你没事吧？
你已经很棒啦！
我不该总找借口退缩的……

我可以坚持到底，不为退缩找借口！
VS
为什么我总是为自己的退缩找借口呢？

在心理学上有这样一条规律，人对于自己无力导致的退缩，往往会向外归因，极力为自己开脱、找借口。

为什么人们总喜欢找借口呢？因为冠冕堂皇的借口会变成一面挡箭牌，把自己的退缩、中途放弃、坚持不住等，通通掩饰起来，以此换得他人的理解与原谅。

在学习的过程中，总会遇到各种困难与挫折，你是知难而进，还是为自己寻找逃避的借口呢？其实，最关键的是你在遇到问题时一刹那的想法。如果你想解决问题，便会有一百种方法；如果你想放弃，便会有一万个理由。

骐骥一跃，不能十步；驽马十驾，功在不舍。锲而舍之，朽木不折；锲而不舍，金石可镂。这句话充分说明了一个人如果可以坚持，困难便会迎刃而解。借口只会掩盖事情的真相，让人自我麻痹、停滞不前。

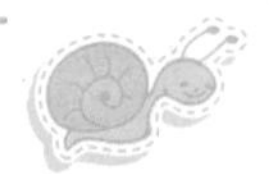

心理学家给你的建议

怎样才能坚持自我，不为退缩找借口呢？

1 接纳自己，从接受自己的不完美开始

遇到解决不了或对自己来说有难度的事，要实事求是地承认自己做不到，切勿把借口当作挡箭牌。要从中吸取教训，找出自己的不足之处，加倍努力，让自己更加优秀。

我之前确实做不到，但我会吸取经验教训！

2 树立明确的目标和价值观

明确的目标和价值观可以给自己带来前进的动力和勇气。不把借口当作逃避的理由。明确的价值观可以帮助你在面临困难和选择时做出正确的决策。

不要逃避！坚定地朝着目标前进！

3 积极思考，保持乐观心态

培养自己积极思考的能力，学会从积极的角度去看待问题，寻找解决问题的办法。乐观的心态和积极的行动是战胜困难和挑战的关键，只有积极向上，才能取得成功。

学会停止抱怨，不要带着怨气做事！

自律是对自己最大的负责，作为一种生活、学习的理念与方式，所有的蜕变都是从坚持自律开始的。只有自律，才能让那个你收获更好的人生；只有自律，才能让你保持更好的心态；只有自律，才能让你实现心中所想。

你今天做了什么使自己更加自律呢？

第四章

行动篇：

几件小事助你养成自律习惯

16 坚持早睡早起，养成规律作息

成长的烦恼

每天放学回家后，我总是改不了先玩、先吃的坏习惯，总是到玩够了、吃饱了才想起做作业，然后每次都熬到很晚才能写完。第二天早上总是被妈妈叫好几次才起来，上学经常迟到，上课的时候也经常打盹儿，学习效率低下。我想改变这种状态，怎么做才能养成早睡早起、作息规律的好习惯呢？

·说说我的故事·

23:30
终于写完了！
小蕊，该起床啦。
赶快起来，怎么还在床上？
铃~
糟了，迟到了！
小蕊，你怎么又迟到了？
我该怎么改变现在这种低迷的状态？

我可以养成早睡早起、作息规律的好习惯。

VS

难道我改不掉作息不规律的坏毛病吗？

早睡早起是最基础的自律。早睡早起看似很简单，但真正坚持下来并不那么容易。受学习、生活、大环境等各种因素的影响，晚睡、熬夜、作息不规律已经成为现代人的一种常态。

晚睡、熬夜对身体有着极大的伤害，同时也会对次日的学习状态和时间安排造成不利的影响。晚上熬得太晚，会导致第二天早上起不来，即使最后不得已起床了，整个人的精神状态也不好，依然会萎靡不振。

科学研究表明，早起的人时间利用率会更高。当我们还赖在床上的时候，别人已经干完好几件事情，为接下来的一天做好了准备。而且，能够坚持早起的人，通常也有很强的意志力和自我管理能力。

早睡早起可以带给我们诸多益处，可以说是人生中最划算、成本最低的投资了。让我们坚持早睡早起，养成规律作息、自律生活的好习惯吧！

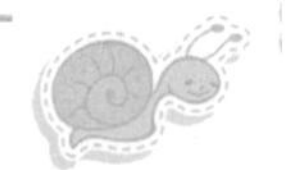

心理学家给你的建议

如何才能早睡早起，养成良好的作息习惯呢？

1 给自己制订充足且合理的睡眠时间

早睡早起对青少年的精神状态、新陈代谢、免疫力有诸多好处。要想有一个充足且合理的睡眠时间，你可以给自己制定一个固定的睡觉与起床时间，如晚上十点前睡觉，早上六点起床。这样长此以往，形成自己的生物钟。

我可以给自己制定固定的起床与睡觉时间。
作息表
6：00起床
12：30午睡
22：00睡觉

2 创造舒适的睡眠环境与状态

即使制定了合理的睡觉与起床时间，很多人也并不能马上就到点入睡。最简单的做法就是让自己在睡觉前处于精神放松的状态，这样才能让自己更好地进入睡眠。如不要把作业拖到睡觉前才写，不在睡前看电子产品或运动，在这样紧张的精神中是很难入睡的。

给自己营造一个舒适的睡眠环境与状态。
Z Z Z

3 保持适量运动

适量运动是维持健康生活方式的重要组成部分，它不仅有助于身体健康，还能促进良好的睡眠质量。从而为新的一天储备足够的能量。

让我们打羽毛球，增强健康体魄。

自律是对自己最大的负责，作为一种生活、学习的理念与方式，所有的蜕变都是从坚持自律开始的。只有自律，才能让那个你收获更好的人生；只有自律，才能让你保持更好的心态；只有自律，才能让你实现心中所想。

你今天做了什么使自己更加自律呢？

坚持体育锻炼，让身体和心灵一同强韧

成长的烦恼

寒假时天气很冷，我也懒散起来，不想锻炼身体。爸爸叫我晨跑，我嫌冷，直接拒绝了，就这样一直待在家里不愿动弹。直到一股冷空气来袭，流感轻易地打倒了我。回想以前经常锻炼身体时，我很少生病，现在却感冒、发烧不断。怎样才能坚持体育锻炼，让精力更加充沛呢？

说说我的故事

寒假期间
呼~
儿子，一起去晨跑啊！
爸爸，外面看着都冷，我还是待在被窝里吧。

现在太阳这么大，应该不冷了吧？去拿快递喽。
嘶~
外面也太冷了！

第二天
第三天
第四天
z
z
z

除夕前夜
太冷了！
好难受啊……
好羡慕他们啊！
要是像以前一样每天锻炼，就不会生病了。
可是……怎样才能坚持锻炼呢？

我会坚持锻炼，练出一副好体格。

我该怎样锻炼，才能让精力更加充沛呢？

“身体是革命的本钱”，这是毛泽东的名言，指行动的前提条件是必须要有良好的体魄。一个人要想做成一件事，必须具有多方面的素质，但所有这些都必须依托一个前提条件，就是要有健康的体魄。

体育锻炼可以消除身体疲劳，包括生理性的和心理性的。持续紧张的学习压力容易造成身心疲劳和神经衰弱，通过体育锻炼，可以增强身体素质和运动能力，提高身体抵抗疲劳的能力，也可以使身心得到放松。

体育锻炼还可以改善情绪状态。不良情绪是导致身心不健康的重要因素之一，而体育锻炼能直接给人带来愉快和喜悦，并能降低紧张和不安，从而调改善心理健康状况。

体育锻炼表面看远没有手机、游戏等娱乐活动有趣、轻松，所以坚持是一件难事，而坚持下来的人不仅能够克服诱惑，更能变得越发自律。

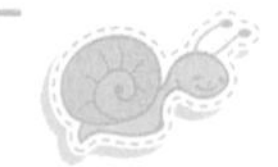

心理学家给你的建议

怎样坚持锻炼，练出一副好体格呢？

选择一项你喜欢的运动

很多人不爱锻炼，是因为没有一项自己热爱的运动。建议你多尝试几项运动，并选出最爱的一项，有了兴趣和热爱的加持，更有利于长期坚持。

我要选择喜欢的运动去锻炼。

定期运动，形成规律的锻炼习惯

不同身体状态的人需要不同的运动量，建议你根据自己的具体情况，安排定期的运动计划，如一周进行三次运动，每次两小时。长此以往，你就可以收获一个元气满满的自己啦！

我要制订一个计划，并且努力坚持下去！

合理调整自己，别让客观原因阻碍你

天气不好、气温太低、没有合适的场地等，都可能影响你的锻炼计划。你要学会变通，如把室外跑步变成室内跳绳，天气热就改成游泳，不管是什么运动，都能让身体更加强健。

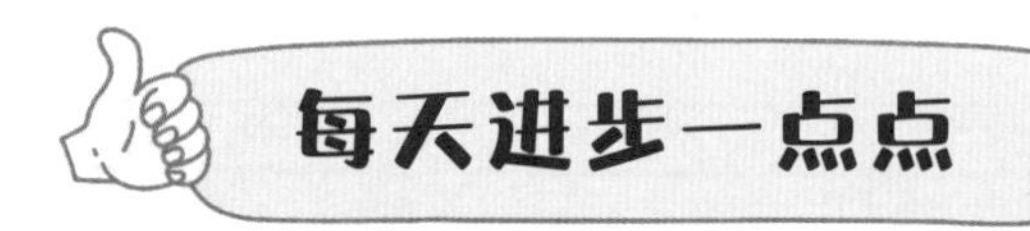

自律是对自己最大的负责，作为一种生活、学习的理念与方式，所有的蜕变都是从坚持自律开始的。只有自律，才能让那个你收获更好的人生；只有自律，才能让你保持更好的心态；只有自律，才能让你实现心中所想。

你今天做了什么使自己更加自律呢？

18 坚持每天阅读，读书是从心到身的自律

成长的烦恼

假期在家，我给自己规定了每天两小时的阅读时间。刚拿到必读书的那几天，我还能饶有兴趣地阅读，渐渐地，故事情节不怎么吸引我了，我就开始偷懒，看书时不专心，干些别的糊弄时间。算下来，半个月里竟然没有几天完成了阅读任务。阅读对我来说并不是一件难事，为什么我却坚持不下来呢？

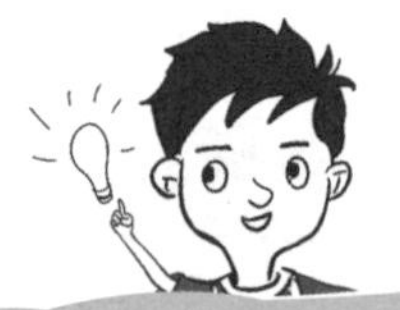

说说我的故事

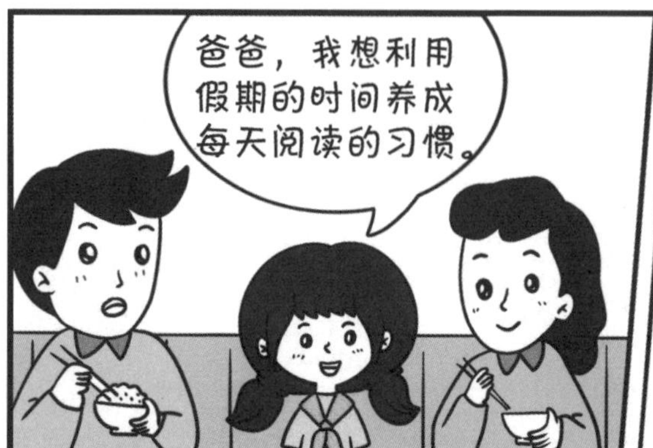

爸爸，我想利用假期的时间养成每天阅读的习惯。

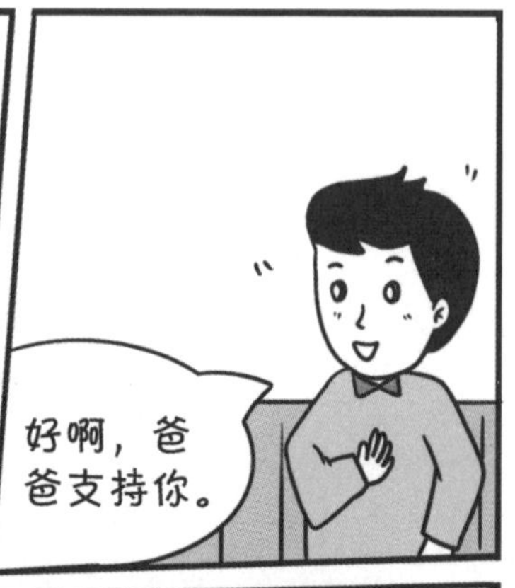

好啊，爸爸支持你。

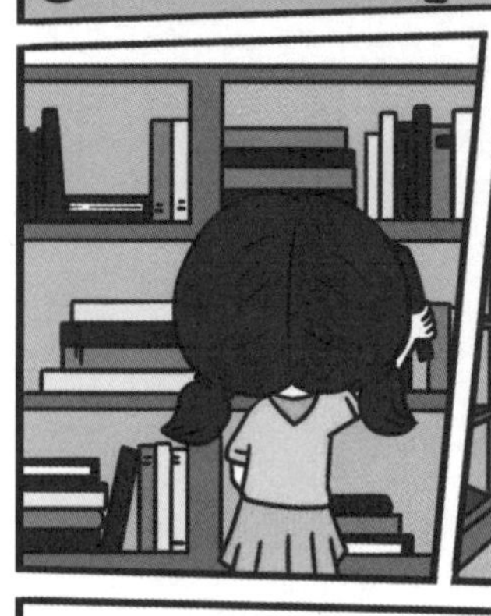

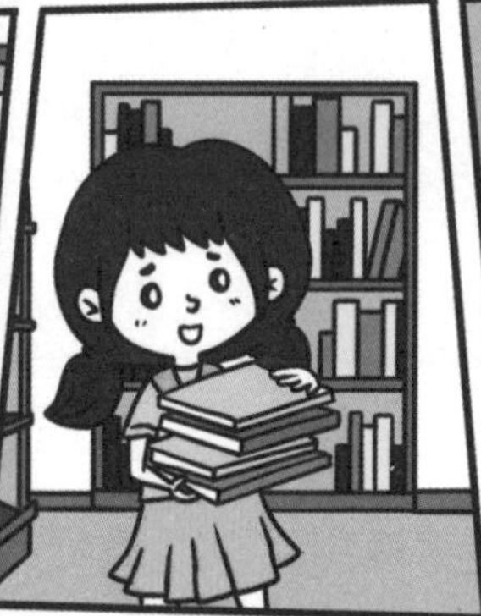

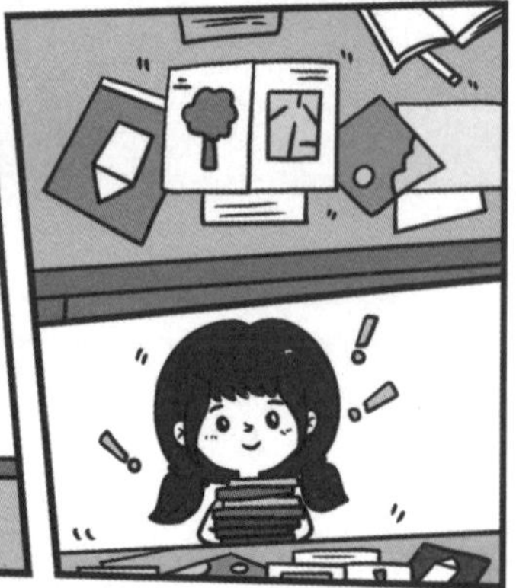

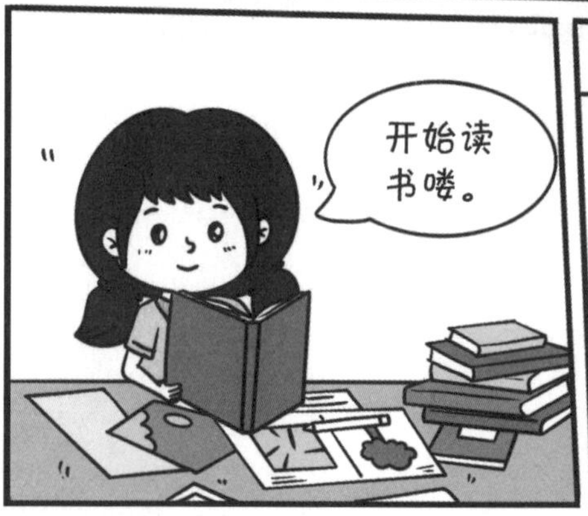

开始读书喽。

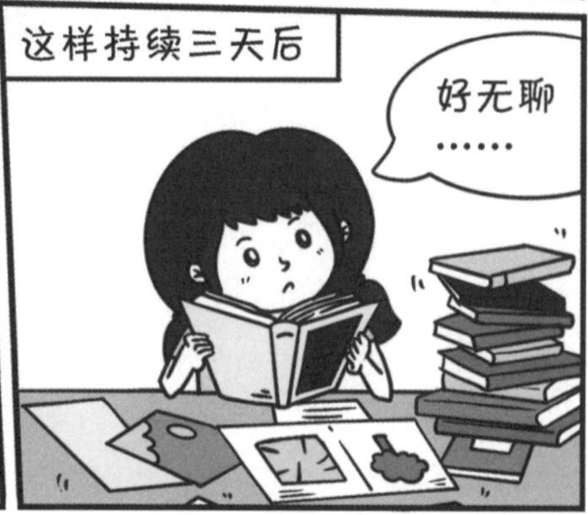

这样持续三天后
好无聊……

读不进去啊……
算了，玩会儿玩具吧。
小蕊，你今天的阅读计划完成了吗？
不知道咋回事，怎么都读不下去。
你可以先筛选一些感兴趣的书，
然后每天规定两个小时为阅读时间。
还有，读书需要有一个舒适的环境哦！
原来是这样，我会继续坚持读书的。

我可以坚持每天阅读，做到更加自律！
字都认识，但读一会儿我就坐不住了。

朱光潜先生在《给青年的十二封信》中谈到，如果能够每天抽出半小时读书，至少也能读三四页，那每天坚持下来，一年也能读三四本书了。所以“你能否在课外读书，不是你有没有时间的问题，是你有没有决心的问题”。

很多东西眼睛看不到，读书可以；脚步不能丈量，读书可以；身体无法抵达，读书可以。在学生时代，行万里路并不是那么容易实现的事，而读书不受时间和空间的限制，相对更容易实现。

阅读的奇妙之处就是能把我们带到另一个世界，让我们有更多的机会从新的和不同的角度了解世界，为我们的大脑插上想象的翅膀，引领我们学会独立思考。

阅读这件事，不应该“三天打鱼，两天晒网”，而应该作为每天的“必修课”，日复一日地坚持，使其成为生活中不可或缺的习惯，才能受益终生。

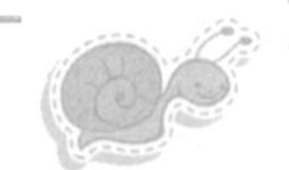

心理学家给你的建议

怎样才能持之以恒地坚持阅读呢？

选择固定的时间段以及感兴趣的书籍

阅读是一种享受，而不是负担。规定好每天最少的阅读时长和阅读时间段，形成读书仪式感。因此，在选择书籍时，要尽量选择自己感兴趣、能够引发共鸣的书籍。这样，你会更容易沉浸其中，享受阅读带来的乐趣。

加入阅读社群

加入一个阅读社群或参与读书会，与志同道合的人一起分享阅读心得、交流阅读体验。这种互动和分享会让你感受到阅读的乐趣和价值，从而更有动力去坚持阅读。

创造一个良好的读书环境

一个安静、舒适、光线充足的阅读环境有助于你集中精力，提高阅读效率。在读书的时候，要远离手机、游戏机等一切影响自己坚持下去的外在诱惑，使自己能够更好地全身心投入书籍的世界里。

试着把书桌收拾得更舒适，让自己更愿意待在这里。

自律是对自己最大的负责，作为一种生活、学习的理念与方式，所有的蜕变都是从坚持自律开始的。只有自律，才能让那个你收获更好的人生；只有自律，才能让你保持更好的心态；只有自律，才能让你实现心中所想。

你今天做了什么使自己更加自律呢？

19 学会自我约束，远离游戏诱惑

成长的烦恼

周末在家时，我的心思总是放在手机游戏上。吃完饭要玩一会儿，睡觉前要玩一会儿，有时还和朋友联机，一打就是好几个小时，像被点了穴道一样，痴迷得不行，就算被爸爸妈妈训斥，也总抵挡不住游戏的诱惑。感觉不玩手机真的好难啊！我也知道这样不好，但是我该怎么远离游戏的诱惑呢？

说说我的故事

哎呀，爸爸，明天是周末，明天写就好。
第二天清早
皓皓，怎么又在打游戏？
你要再这样沉迷游戏，我就把手机没收了！
赶快起来吃早饭，吃完去写作业。
已经半夜了，作业根本赶不完啊……
你也是这样沉迷游戏，无法自拔吗？

我可以抵挡住手机游戏的诱惑。
我也知道沉迷游戏不好，但是我该怎么做才能远离它呢？
VS
游戏

早在2019年，世界卫生组织已正式将游戏成瘾列入精神疾病，对于青少年来说，游戏上瘾不仅影响着心理健康，也影响着身体健康，甚至有不少青少年为了打游戏，做了很多出格的事情，最终害人害己。

其实，游戏并不是洪水猛兽，关键在使用者身上，合理地玩会缓解一定的压力，多玩则成瘾。青少年沉迷游戏，并不是游戏本身有问题，其根本原因在于，在玩电子游戏的过程中，游戏者可以用最少的能量消耗获得最大的快乐，从而找到现实生活中所缺乏的满足感和认同感。

因此，青少年要想戒掉“游戏瘾”，应该多去发现这个世界有趣、好玩的东西，增加更多获得快乐的途径，广泛培养自己的兴趣爱好，这样所获得的快乐才是更加持久的、难以被替代的。

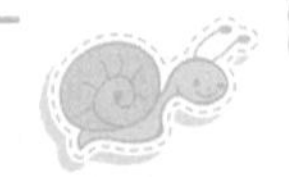

心理学家给你的建议

怎样拒绝游戏瘾，远离游戏诱惑呢？

需要戒掉的不是“游戏”，而是“瘾”

玩游戏可以放松压力，获得快乐，但如果游戏成瘾、无法自拔，那就有百害而无一利了。可以让父母监督，完成设定的学习目标后适当地玩一会儿，避免沉迷。也可以坚决一些，一不做二不休——卸载游戏，远离游戏环境。

培养其他爱好充实自己

很多时候，沉迷游戏是因为没有找到真正感兴趣的事情来丰富自己的生活。所以克服游戏瘾，除了要有较高的自律意识，还要找到能够替代打游戏的健康的兴趣爱好，如游戏、骑车、击剑等这些有益于身心健康的运动，丰富自己的内心世界。

更充实
我可以用击剑替代游戏，更好地充实自己。

家长做好榜样

家长可以通过设定自己的屏幕时间限制、积极参与其他活动，并展示如何平衡娱乐和现实生活来成为榜样。此外，要多陪伴在孩子身边，多和他们交流，耐心地去教导孩子，让他们正确地认识网络世界，意识到网络游戏的影响。

控制好网络时间，我们一起去户外游戏一会儿吧。

自律是对自己最大的负责，作为一种生活、学习的理念与方式，所有的蜕变都是从坚持自律开始的。只有自律，才能让那个你收获更好的人生；只有自律，才能让你保持更好的心态；只有自律，才能让你实现心中所想。

你今天做了什么使自己更加自律呢？

坚持每天写日记，既能记录又能反省

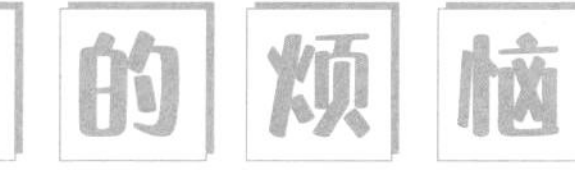

成长的烦恼

前几天，语文老师建议我们通过写日记来记录生活。刚开始，我把一天的经历都事无巨细地记录下来，坚持了几天，日记本便被我记满了。然后，我就坐在书桌前迟迟无法下笔，因为感觉没什么值得记录的事情了，最终放弃了写日记。这让我感到非常挫败，是不是我没有找到对的方法？我怎么才能坚持每天写日记呢？

•说说我的故事•

从今天开始，大家每天都要写日记，以便于记录日常和反思。
日记
这有啥的，不就是每天写点儿东西嘛。
今天都发生了什么呢？
哦，对了！老师说让我们通过写日记来记录和反省自己！
记录
反省
第二天
今天的数学课上，只有我做出了那道奥数题。
老师还表扬了我，好开心呀！
第三天
今天和皓皓在打篮球时发生了冲突，不开心……

一周以后
今天没有发生很特别的事。
日记
现在好像每天发生的事情都差不多……
我该怎么办啊？
算了，不写了！无聊。
小米，你日记写得怎么样了？
早放弃了，每天发生的事都差不多，很无聊！
我认为虽然发生的事情差不多，但是最主要的是我们处理问题的方式吧！
我一直在写，收获满满哦！

我每天都写日记，记录并反省自己！
VS
觉得没什么好记录的，难道我是一个不会反省的人吗？

写日记对每一个小学生来说都不陌生。日记，就如其字面的意思，是记录每天的事情。日记非常好写，基本上是跟着自己的心走的，可以在日记中写自己想说的话，记录自己每天的生活，写下自己对生活的思考，表达自己的喜怒哀乐，还可以自我反省，总结学习、生活中的经验和教训，让自己不断进步。

一个人坚持写几天日记并不难，难的是一生坚持写日记。鲁迅先生就每天坚持写日记，有时候甚至惜字如金，只有“无事”二字。在他病逝后，他的妻子许广平整理并出版了他的日记，成为研究鲁迅先生的重要史料。

其实，每天留出点儿时间写日记，本身也是一种自律的行为。这种坚持的力量就像锻炼一样，能够让人的意志力和自律能力越来越强。

将写日记这件小事坚持下去吧！如果能做到，对你的毅力和品格都会是一种极大的锻炼。

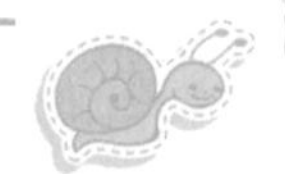

心理学家给你的建议

怎样才能将写日记这件小事坚持下去呢？

轻松开始，不必追求长篇大论

刚开始写日记时，往往无从下笔，你可以写得简短一些，这样用时也短，就不会觉得很困难，也不会产生畏惧情绪，当然也会减少坚持下去的难度。

记录真实生活才更得心应手

写日记千万不要为了凑字数而添油加醋，写一些没有发生的事情。日记不是作业，没有人检查它精彩与否，只需要把自己的生活如实写下来就好。

写日记不要硬凑字数，书写真实才会得心应手。
真实

日记形式也可以多种多样

日记不一定只是文字形式的，可以发挥创造性，让形式变得多种多样，如思维导图日记、剪贴日记、绘图日记等。根据需要变换日记形式，既新奇有趣，又能保持记录热情。

还可以改变一下日记的形式，避免千篇一律。

自律是对自己最大的负责，作为一种生活、学习的理念与方式，所有的蜕变都是从坚持自律开始的。只有自律，才能让那个你收获更好的人生；只有自律，才能让你保持更好的心态；只有自律，才能让你实现心中所想。

你今天做了什么使自己更加自律呢？

每日收获

写下我的小故事

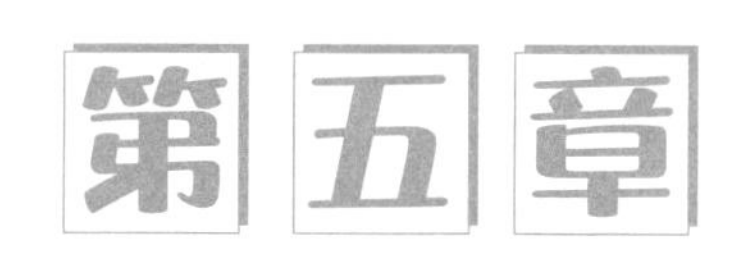

应用篇：

改掉这些坏习惯，让自己变得更自律、更优秀

上课的时候总是忍不住做小动作，怎么办？

数学课上，我看着黑板上的板书“神游”起来，一会儿摸摸抽屉洞，一会儿在纸上写写画画，注意力一点儿都不集中。老师注意到了我的小动作，把我叫起来回答问题，而我根本不知道讲的内容是什么，最后被老师批评了一顿。上课总爱做小动作，无法集中注意力，到底该怎么办？

说说我的故事

骏骏，上课要认真听讲，不要再走神了。
知道了，老师。
妈妈，我老是上课分神，不知道该怎么办才好了。
你可以在听课的时候边听边做笔记呀！
手脑并用，注意力会更集中哦。
妈妈，这样真的能行吗？
明天上课去试试不就知道了？
若是不管用，咱们再一起想别的办法。
好的，妈妈。

我是个上课专心听讲的好学生。

VS

我上课总爱做小动作，无法集中注意力。

对于小学生来说，上课时专注力差、容易走神、做小动作，是比较普遍的现象，也是比较正常的现象，不管是我们自己还是家长、老师都不应该对此过度苛责。因为对孩子来说，有意注意的时间从生理上来说原本就是有限的。

心理学研究表明，进入小学的孩子，在条件适宜的情况下，每一个专注力单元的专注时间在20~30分钟，但是稳定性不大，很容易受到周边环境的影响。所以，在一节40分钟的课堂上，老师通常会将讲内容和向孩子提问或者互动相结合，这其实就是在减少孩子听课过程中的走神。

有这类困扰的孩子请不要过分自责，也建议父母们不要一味地指责孩子。因为导致孩子上课注意力不集中的原因有很多，除了生理方面的因素外，还有理解能力、睡眠质量、趣味性、外部刺激、缺乏动力等。可以根据自身情况进行分析，并找到改善的方法，提高专注力和自控力。

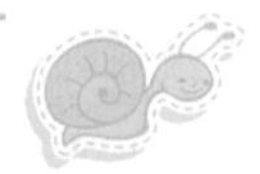

心理学家给你的建议

有哪些简单的方法来帮助自己专心听讲呢？

用一张醒目的便利贴提醒自己

上课走神可能自己并不会有意识，可以准备一张颜色醒目的便利贴，写上“不要走神”的提示语，这样会很容易注意到，有助于时刻提醒自己。

可以在便利贴上写下提示语来提醒自己！

提前预习，跟着老师的节奏走

预习是一种良好的学习习惯。预习可以对老师要讲的内容提前有个大致的了解，对于学习内容的难易程度有一定的把握，这样也能带着问题上课，提高上课时的兴趣和学习的效率。

提前预习功课会提高课堂学习效率。

上课记笔记有助于集中注意力

如果你很容易被外部环境干扰，可以试试这种方法。上课时同时运用手和大脑，老师讲知识点，你就简单记录下来，不仅可以预防走神，还有利于复盘课堂知识，加深记忆。

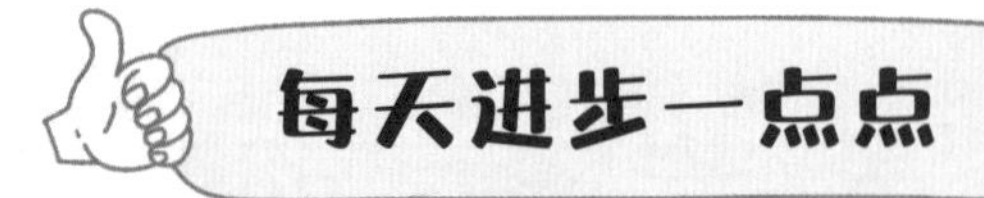

自律是对自己最大的负责，作为一种生活、学习的理念与方式，所有的蜕变都是从坚持自律开始的。只有自律，才能让那个你收获更好的人生；只有自律，才能让你保持更好的心态；只有自律，才能让你实现心中所想。

你今天做了什么使自己更加自律呢？

22 父母一不盯着，我就想玩手机，怎么办？

一次，爸爸辅导我做作业时，突然接到电话出去了。一时间没人盯着，我立刻拿起手机玩儿了起来。当感觉到爸爸推门进来时，我连忙把手机倒扣在桌上。到了独自复习的时间，我又忍不住继续刷手机，直到被爸爸发现，挨了一顿狠批。为什么我抵抗不住手机的诱惑？为什么一离开父母的视线，就想玩手机呢？

·说说我的故事·

两小时后
小米，我一走你就开始偷懒了？一点儿都没往下写！
以后再这样，我就要没收你的手机了，自制力太差了。
小米，爸爸不是不让你玩，但要先把功课忙完了再玩呀！
爸爸希望你能合理安排学习时间。
我知道了。
我会改正的，也请爸爸监督我改正这个坏毛病。

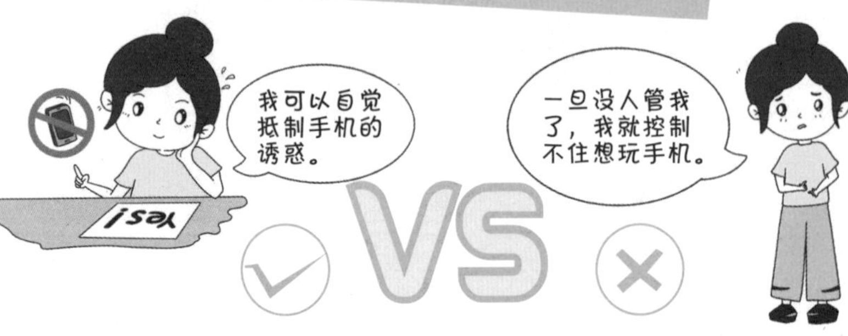

我可以自觉抵制手机的诱惑。
一旦没人管我了，我就控制不住想玩手机。
VS
Yes!

别看手机就一块巴掌大的屏幕，却连接着虚拟世界的五花八门，内容丰富多彩，更何况还有无法抗拒的游戏，让人一玩就入迷。我们享受手机带来的便捷和乐趣，但是同时也陷入了“手机依赖症”，所以能否合理使用手机也能体现我们是否自律。

真正的自律是自我约束，而不是时刻被他人约束。人贵在自觉，能主宰自己，头脑清醒、意志坚定，知道什么是应该做的、什么是不应该做的，能控制自己的行为。如果不能做到自我约束，将不利于好习惯的养成与学习能力的提升，进而影响长远发展。

虽然手机可以提供便利且多彩的生活，可以供人游戏、社交、学习等，但要认清它是辅助人生活的工具，它对人的影响还是取决于主体的行为。所以不要花大量时间在手机上，从而错过现实生活的点滴，要理性、合理地使用手机，发挥它的积极效能，为自己的生活助力增彩。

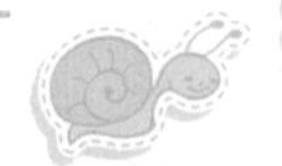

心理学家给你的建议

如何才能做到没有监督时也能抵制手机诱惑呢？

合理安排时间，做好任务划分

手机自律是避免拉低效率的重要方式。要合理地安排好每天、每周玩手机的时间段，做好计划中各类任务的划分，做事时，把心思全部用在当下，提高效率。

先做自己最重要的事情

做不到手机自律，就会影响自己做其他重要事情的效率。如写作业时手机放在旁边就不免会分心，这时候就要把它放得远些，减少写作业环境中手机的诱惑，作业完成后再安排玩手机的时间。

监督自己，按时关闭手机

监督自己严格控制游戏时间，在自己规定的游戏时间结束后，就自觉关闭手机。多执行几次，就会发现你对手机的掌控力在逐渐提升。

可以在看手机之前定一个25分钟的闹钟。

每天进步一点点

自律是对自己最大的负责，作为一种生活、学习的理念与方式，所有的蜕变都是从坚持自律开始的。只有自律，才能让那个你收获更好的人生；只有自律，才能让你保持更好的心态；只有自律，才能让你实现心中所想。

你今天做了什么使自己更加自律呢？

我总是习惯找借口，怎么办？

成长的烦恼

春暖花开之际，我参加了一场自行车比赛。枪响后，我立刻铆足了劲，使劲蹬了起来，没想到很快体力耗尽，被其他人赶超了。爸爸为我分析全程战术和失误时，我红着脸争论，称他们都比我年龄大、自己早饭没有吃好等。爸爸摇了摇头，教育我说："没做好的事情要总结经验，不能一味给自己找借口，否则永远也不会达到你的目标！"

说说我的故事

小学生自行车比赛
加油！
加油！
加油呀，儿子！
遥遥领先
一段时间后
糟了，没力气了……
2
1
唉……
儿子，其实你这次有很大机会可以拿名次的！

只是……
你起跑时用力过猛，导致后面没力气了。
明明是他们年龄比我大！
你看，他们至少比我大两岁呢！
而且……我昨天没休息好……
今天早上肚子还不舒服……
儿子，没做好的事情要总结经验，而不是一直为失败找借口！
这样只会原地踏步，永远不会进步！
哼！

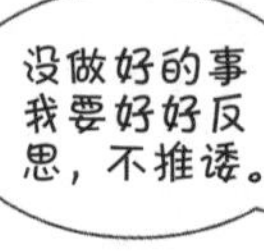

没做好的事我要好好反思，不推诿。

我不能直面失败，总想找借口掩饰。

“人非圣贤，孰能无过。”在生活中，比起“过”，更多的是事情做得不够好，不是对行为的完全否定，而是还有改进的空间，可以修改和调整，使之变得更好或达到自己的预期。

即使是通过小幅度调整或稍加反思就可以完善的小缺憾，仍有很多人因自尊心强、害怕批评、在意面子等，倾向于寻找各种各样的借口来证明借口的合理性，不去面对导致事情没做好的内因。这是过度理由效应的一种，这种行为会让人害怕正视自我，怠于思考，总处于为自己寻找借口的路上，缺乏责任感与积极的应对态度。

合理利用小瑕疵，积极寻找导致没做好的关键内因，而不是为此找借口，这样才能够避免更具有打击性的失败，还能够为成长积攒养分，促进自我的提升与进步。

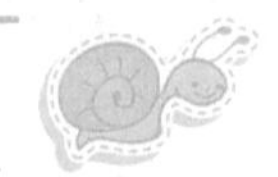

心理学家给你的建议

做事没有达到预期时，如何不推诿、主动反思自己呢？

1 打碎借口的面具，才能真正保住尊严

借口不是你的盔甲，而是一把双刃剑，一面刺向虚伪的自己，一面刺向真诚的友人。要学会认真反思自己的不足，而非以借口掩饰能力的欠佳。掩耳盗铃保不住面子，只能让他人看穿你的面具，反而失了尊严。

具体问题具体分析

不能笼统地用一套思维去定义所有不圆满的事，要学会具体问题具体分析。首先从自身角度出发，想想自己有哪些地方做得不够好、是不是可以避免、还有没有提升的空间，如赛车时操之过急、过于浮躁，应该更加沉稳一些。

举一反三，内因才是关键

为什么这件事的发展没有达到自己的预期呢？也许共同作用的内外因有很多，而你自身能改变的就是内因。例如，做菜口味不佳，要学习掌握火候；作文内容乏味，要积累素材；朗诵不好，要练习情感、断句……

多反思自己做得不足的地方，努力弥补。

自律是对自己最大的负责，作为一种生活、学习的理念与方式，所有的蜕变都是从坚持自律开始的。只有自律，才能让那个你收获更好的人生；只有自律，才能让你保持更好的心态；只有自律，才能让你实现心中所想。

你今天做了什么使自己更加自律呢？

学习时总是容易被其他事情打扰，怎么办？

成长的烦恼

晚上，我做作业时，客厅传来了爸爸妈妈的聊天声。声音也没有很大，但我就是很容易被吸引，总是能听到他们在说什么，甚至都得捂住耳朵隔离声音，这让我无法安心复习。其实我也明白，如果我足够专注的话，就不会被其他事情打扰。我如何才能不受环境影响，专注于当前的事情呢？

说说我的故事

我总是容易被
其他事情打扰，
该怎么办呢？

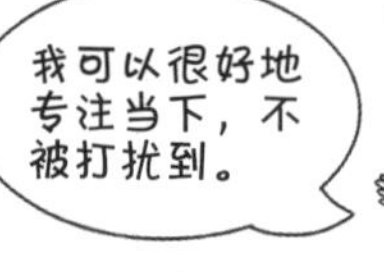

我可以很好地专注当下，不被打扰到。
我总是容易被打扰，有一点儿动静就会分心。

抗干扰能力，是指我们抵抗外界干扰的能力。这种能力较弱的话，人们就无法在外界环境的干扰下不受影响，容易分心，注意力无法集中，无法进行深入思考。

抗干扰能力弱，一方面是由于外界的干扰因素过强；另一方面是由于自身注意力不集中，无法排除干扰、专注学习，没有足够的自律性去克服外界的影响。长期如此，会造成拖拉磨蹭、效率低下、缺乏耐心、大脑反应速度慢、记忆力差等问题，对心理也会造成影响，例如，心神不宁、不知所措、漫不经心、爱发脾气等。

如果发现自己总是被其他事情吸引注意力，一定不能放任自己，不能认为这很正常，需要积极主动地克制，拒绝他人的打扰。平时可以做一些专注力训练和感觉统合训练，提高注意听、读、理解、记忆、思考、说、写、做的能力，使注意力更加集中、持久。

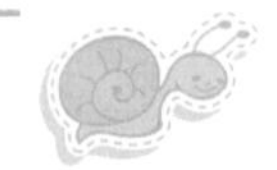

心理学家给你的建议

怎样才能更加专注，不被他人打扰呢？

1 排除外界干扰

如果外界环境影响了自己，为了集中注意力，尽早排除周围的干扰，例如，关闭电视、电脑和手机等娱乐设备，告知他人可以声音小一点儿。

哈哈哈
佳佳，你可以小点儿声吗？影响到我了！

2 先易后难、增强自信心

写作业时，不要揪住自己不会做或者比较复杂的题目死磕，从易到难，先把容易写的作业全部写完了，这样既可以增强自信心，提高效率，还能提升专注力。对于那几道复杂的、自己不太会的题目，通过反复思考、请教父母或同学的方式解答。

重点
我可以划分任务主次，优先完成重点任务。

3 适当补充高蛋白食物，改善注意力

海鲜里面一般都含有丰富的微量元素，如锌元素，当孩子身体缺锌的时候，就很容易出现注意力不集中，而且发育也会延缓。而高蛋白食物含有丰富的氨基酸，可以提高记忆力，促进大脑发育。

自律是对自己最大的负责，作为一种生活、学习的理念与方式，所有的蜕变都是从坚持自律开始的。只有自律，才能让那个你收获更好的人生；只有自律，才能让你保持更好的心态；只有自律，才能让你实现心中所想。

你今天做了什么使自己更加自律呢？

我总是习惯拖到最后才行动，怎么办？

成长的烦恼

暑假眼看还有几天就要结束了，看着堆积如山的作业，我只能昼夜努力填补漏洞，从起床就开始写，奋战到深夜两点。尽管经历了几天的努力，我还是没有完成作业，被老师和爸爸狠狠地批评了。我痛定思痛，反省了自己的错误。总是习惯拖到最后才行动，该如何改掉这个坏习惯？

说说我的故事

快过来支援啊！
皓皓，别打游戏了，写一下暑假作业吧。
妈妈，才刚放假，先玩两天吧。
我去洗澡啦。
洗完澡抓紧写作业，这几天光玩了！
妈妈，我今天太累了，明天开始写吧！
临近开学
你怎么又在玩手机？作业写完了没有？
妈妈，你别催了，我打完这一局马上就去啦。

怎么还有这么多作业啊！
我怎么老是把作业拖到最后写呢？
皓皓，都凌晨了，作业还没有写完吗？
快了……就快写完了。
哼！反正是写不完了，就这样吧。
开学后
皓皓，全班就你一个人没有完成作业，怎么回事？
我……我……
我做事总是习惯性拖延，该怎样规避这种情况呢？

我可以提高自律性，不再拖延。
VS

我总是习惯拖到最后才行动……

作业拖到睡前才写、考试前临时抱佛脚等，这都是不自律的表现，也是典型的拖延现象。这样不仅会拉低效率、容易误事，而且不利于培养自律、积极的好习惯。

皮切尔博士在《战胜拖延症》一书中指出："拖延是一种对任务和情境的习惯性反应，像所有的习惯一样，它是一种内在的、无意识的过程，是一种我们没有真正思考过却去实践的行为。"很多人喜欢拖延，并不是因为他们做不好手头的事情，而是不愿去做，放任自己，懒散行事。

如果在规定的时间内需要完成一定的任务，却拖着不去完成，那么事情会越积越多，必然陷入多重压力的窘境中，生活质量和学习成绩都会明显下降。而且，长期拖延还会让人出现多重心理问题，如焦虑不安、自卑、抑郁不振、自责内疚、丧失自信心等。

当自己再想把事情拖到最后才行动时，想一想拖延的弊端，主动克服懒惰，积极完成待办任务，磨练自制力，提高自律能力。

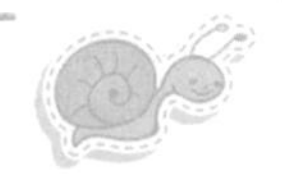

心理学家给你的建议

如何避免拖延，提高自律性呢？

1 做好规划，设定截止日期

根据情况做好一段时间的整体规划，并且每天做好今日计划。今日事，今日毕。每天睡前再进行复盘，总结一下完成情况，或者反思有哪些需要改进的地方。

规划
做好规划是摆脱拖延的第一步。

2 优先完成成就感高的部分

有时候面对压力或者觉得困难的事情，人们就会下意识地选择逃避，这也是造成拖延症的主要原因。建议列出相对简单的部分，先做这些工作可以获得一定的成就感，提高主动性，也能带动整个计划的完成。

可以先完成一些简单的工作，提高主动性。

3 学会自我激励

当你开始行动起来，可以这样告诉自己："万事开头难，我已经迈出第一步啦！"当你挑战了一项有难度的任务后，可以告诉自己："今天的数学题目有点难，但我居然做出来了！"这样小小的愉悦感，会让你信心倍增，也更能激发自己的行动力！

这么难的题，我居然自己做对啦！

自律是对自己最大的负责，作为一种生活、学习的理念与方式，所有的蜕变都是从坚持自律开始的。只有自律，才能让那个你收获更好的人生；只有自律，才能让你保持更好的心态；只有自律，才能让你实现心中所想。

你今天做了什么使自己更加自律呢？

每日收获

写下我的小故事